家庭园艺DIY系列

图解盆景
制作与养护

顾永华　丁昕／编著

化学工业出版社
·北京·

图书在版编目（CIP）数据

图解盆景制作与养护/顾永华，丁昕编著.—北京：化学工业出版社，2010.1（2024.2重印）
（家庭园艺DIY系列）
ISBN 978-7-122-07244-3

I. 图…　II.①顾…　②丁…　III. 盆景–观赏园艺–图解　IV. S688.1-64

中国版本图书馆CIP数据核字（2009）第226204号

责任编辑：傅四周　孟　嘉　　　　　　　　装帧设计：北京水长流文化发展有限公司
责任校对：宋　夏

出版发行：化学工业出版社（北京市东城区青年湖南街 13 号　邮政编码 100011）
印　　装：天津图文方嘉印刷有限公司
889mm×1194mm　1/24　印张5　字数97千字　2024年2月北京第1版第14次印刷

购书咨询：010-64518888　　　　　　　售后服务：010-64518899
网　　址：http://www.cip.com.cn
凡购买本书，如有缺损质量问题，本社销售中心负责调换。

定　　价：39.80元

前 言

    盆景是我国的艺术瑰宝，历史悠久，源远流长，作为我国传统文化特有的载体之一而广为流传。当我们面对造型精美、意境无穷的盆景时，无不为之心驰神往，浮想联翩。

    树桩盆景的制作技艺复杂，养护技术要求高，一直是限制其进入普通家庭的门槛。正因为此，盆景又离我们很远。我们在工作过程中经常听到盆景爱好者问盆景的制作过程、盆景的养护方法，为什么盆景买回家很快就会落叶、死亡，或者疯长而失去形状，如何做盆景的修剪和整理等。

    为解决上述问题，本书首先通过系统地介绍盆景的起源与现状，盆景的主要流派，盆景树种、主要造型等知识，让大家了解盆景的概况。然后介绍盆景的日常养护技术，包括水肥管理、病虫害防治等知识，让大家能够养护好盆景。随后重点通过几个盆景的制作过程图解，来介绍盆景制作的具体流程和方法，让大家可以亲手制作盆景。最后展示了一些名家的盆景作品，供大家欣赏和借鉴。

    本书中所使用的盆景照片除部分为自己的作品外，有些为各盆景展览会上所拍摄。在此对作品的所有者表示谢意和敬意。

    错误和遗漏之处敬请谅解和指正。

江苏省中国科学院植物研究所（南京中山植物园）

作者

2010年1月

目录
CONTENTS

第一章
盆景简介

第一节　起源与现状 ······················· 2

第二节　盆景的主要流派 ················· 2
　　一、岭南派盆景风格与特点 　/3
　　二、海派盆景的风格与特点 　/3
　　三、苏派盆景的风格与特点 　/4
　　四、扬派盆景的风格与特点 　/5
　　五、川派盆景的特点与风格 　/6

第三节　盆景树种 ······················· 6
　　一、五针松 　/6
　　二、黑松 　/7
　　三、金钱松 　/7
　　四、真柏 　/7
　　五、罗汉松 　/8
　　六、枷椤木 　/8
　　七、银杏 　/9
　　八、榔榆 　/9
　　九、石榴 　/9
　　十、紫薇 　/10

十一、火棘 / 10

十二、南天竹 / 10

十三、梅花 / 11

十四、鸡爪槭 / 11

二十一、雀梅 / 14

二十二、六月雪 / 14

第四节 盆景的几种主要造型……15

一、直干式盆景 / 15

二、斜干式盆景 / 16

三、曲干式盆景 / 16

四、临水式盆景 / 17

五、悬崖式盆景 / 18

六、水旱式盆景 / 18

七、丛林式盆景 / 19

八、卧干式盆景 / 19

九、附石式盆景 / 20

十、文人木式盆景 / 21

十一、露根式（提根式）盆景 / 21

十二、枯干式盆景 / 22

十三、微型盆景 / 22

十五、枸骨 / 12

十六、紫藤 / 12

十七、榕树 / 12

十八、九里香 / 13

十九、瓜子黄杨 / 13

二十、金银花 / 14

第二章
树桩盆景的栽培养护攻略

第一节 树桩盆景的选桩 ……… 24

第二节 树桩的采挖 ……… 24
　　一、市场购买树桩　/ 24
　　二、人工繁殖小树桩　/ 25
　　三、挖掘野生树桩　/ 25
　　四、野生树桩挖掘注意事项　/ 25

第三节 新桩栽培养护方法 …… 26

第四节 盆景日常养护管理 …… 28
　　一、盆景换盆　/ 28
　　二、盆景的浇水　/ 29
　　三、盆景的施肥　/ 30
　　四、盆景的修剪　/ 31
　　五、盆景的遮阴与防寒　/ 31

第五节 病虫害防治 ………… 31
　　一、盆景主要病害　/ 31
　　二、盆景主要虫害　/ 32
　　三、盆景病虫害防治的偏方　/ 32

第三章
树桩盆景制作技法图解

第一节 大阪五针松盆景制作图解　37
第二节 龟甲冬青盆景制作图解 …… 53
第三节 雀梅盆景制作图解一 …… 59
第四节 罗汉松盆景制作图解 … 63

第五节 五针松盆景制作图解 … 66
第六节 雀梅盆景制作图解二 … 75
第七节 黑松盆景制作图解 … 78
第八节 配盆 ………………… 80

第四章
名作欣赏

　　盆景是造型艺术，讲究构思和造型，讲究高低起承，讲究诗情画意，是"立体的自然画卷"。盆景不但用艺术的手法在方寸之间凝聚了自然神韵，而且也寄托与抒发了作者艺术情感，因此，盆景是自然景观与中国人文情感的复合体。

第一节 起源与现状

桩盆景是由盆栽观赏植物逐渐演变而成的。但迄今为止,关于盆景起源的具体年代和地点,众说不一,尚无定论。大量史料及考古证明,东汉就有了盆景早期的雏形。初唐时期已经开始制作和欣赏盆景。宋代时盆景已经成型并分类成树木盆景与山水盆景。明代时已普及,从技艺上都有所提高并留下一些专著。

在古代及新中国成立前,连年的战争使盆景艺术的发展一度受到了抑制,而盆景这一传统技艺没有失传,一些富有地方风格的盆景技艺得以保存。新中国成立后,特别是改革开放以来,随着人们生活水平的提高,在解决了温饱问题后,人们逐渐追求更丰富的精神生活。古老的盆景艺术因此又焕发了青春,进入兴旺发达的高速发展时期。现在,我国不但诞生了中国花卉盆景协会,大部分地区也都成立了花卉盆景协会。每年均有各类盆景展览开展,大部分地区均有盆景园对外开放,以充分满足人们对美的追求。

现在,盆景不仅在国内广受欢迎,而且已经大量地传播到世界各地。目前盆景已遍布五大洲,成为世界性的艺术品。越来越多的外国人也学会了欣赏盆景,受到世界各国人民的喜爱。盆景出口外销量也逐年增加。

第二节 盆景的主要流派

目前,我国树木盆景主要有五大流派:以广州为代表的岭南派;以成都、重庆为代表的川派;以苏州、常熟为代表的苏派;以扬州、泰州为代表的扬派;以上海为代表的海派。以上这五大流派是1979年确定的。在以后的一二十年间,各地的盆景园如雨后春笋不断涌现。带动当地盆景业的发展,形成了自己风格的流派。全国专业和业余的盆景创作者,在继承传统技法的同时,不断创新,各门派之间都在

相互借鉴学习，并吸取国际盆景的管理经验，共同谱写了中国盆景的新篇章。

一、岭南派盆景风格与特点

榆树

岭南派代表人物孔泰初老先生，吸取了岭南画派的"起伏收尾"、"一波三折"的艺术特点，创造了"蓄枝截干"的造型手法，以特有的"大树型"的形式独成一派。

岭南派盆景的艺术风格：苍劲雄浑、潇洒轻盈，尤其是秀茂雄奇的大树型，树干粗大苍劲挺奇，枝叶潇洒轻盈自然秀茂，表现了当地人的豪放潇洒的感情。

★ **岭南盆景的选材造型特点如下。**

1. 选用萌芽力及成枝率强而生长快的树种，主要材料有九里香、福建茶等。岭南盆景以杂木盆景见长，针对杂木盆景"蓄枝截干"，因材施艺，因树造型，枝要繁而不乱，叶要茂而透气，构成了岭南盆景的创作理念。

2. 岭南派盆景造型方法只剪不扎，从小开始逐年剪截，即所谓"蓄枝截干"法。经过多年的剪截，创造出"疏密紧散，有争有让，有顾有盼，叶茂枝繁"的桩景形态。

3. 岭南派盆景成型的速度慢，比较费工费时。

二、海派盆景的风格与特点

侧柏

海派代表人物是殷子敏老先生。由于上海经济文化发达，交通便利，它博采众长，还吸取了日本盆景中的长处，使之具有结构严谨、讲究比例、加工细腻、点缀不繁的特点。

海派盆景的艺术风格明快流畅，不拘一格，师法自然。

★ **选材造型特点如下。**

1. 树种选材广泛，如日本无针松、罗汉松、真柏等。

2. 造型上采用剪扎并施，粗剪细扎，柔中有刚。造型上以金属丝绑扎为主，剪扎并施，逐年细剪，以达到雄健精巧的观赏效果。

3. 小巧玲珑的"微型盆景"与"挂壁盆景"为海派盆景的特点，名扬中外。

 三、苏派盆景的风格与特点

苏派盆景的代表人物朱子安老先生，在明清的基础上，进一步发展使苏派盆景另成一格。苏派盆景的艺术风格是清秀淡雅，古朴自然。

刺柏

★ **选材造型特点如下。**

1. 选材以挖掘地方树种树桩为主，如三角枫、雀梅等。

2. 造型注重自然，型随桩形，成型求速。造型特点：六台三托一顶，自树幼年即将主干弯成六曲，待其壮大定型后，选择合适定位，留九片侧枝，左右分开剪扎成三片即"六台"，后面剪扎成三片即"三托"，顶端独成一片即"一顶"。

3. 枝法以剪为主，以扎为辅，剪扎并举，粗剪细扎。

4. 对落叶树种表现要自然，讲究"露根现骨，封顶"。

5. 构思讲究意境，结构讲究章法，布局讲究画意。

6. 讲究树桩、盆、几架的多样性与统一性。

四、扬派盆景的风格与特点

黄杨

黄杨扬派盆景的代表人物万觐棠、王寿山老先生，把远在300多年前明代形成的风格发扬至今，保持一种特有的艺术风格。

扬派的艺术风格是：层次分明，平整清秀，严谨壮观。

★ **主要艺术特点如下。**

1. 以棕丝扎片为主，对大小枝条"枝无寸直"的画意，采用"一寸三弯"的方法，扎成大小高低的"云片"状。

2. 选材以自培小苗和挖掘野生树桩为主，如罗汉松、瓜子黄杨等。

3. 主干的处理上过去多采用"二弯半"的"鞠躬式"处理方法，表现呆板，缺乏自然。现逐步改为主干任其自然弯曲，只有主片加工，仍采用原有的枝法。

4. 树种是以观叶为主，多采用常绿树种。

5. 加工造型以扎为主，工细时长，棕法复杂。

目前，扬派盆景的剪扎技艺已被列为非物质文化遗产，扬派盆景在保留传统技法的基础上，有所突破。尤其是运用传统中国画疏密、虚实的技法，制作的水旱式盆景，更具幽静、深远、清凉的山野景象，别具一格。赵庆泉先生在保留传统技法的基础上，结合山水画、山水诗，以意境为追求，创作出广受好评的水旱式盆景，更具天人合一、物我两忘的境界。

五、川派盆景的特点与风格

朴树

川派盆景的代表人物陈思甫、李宗玉老先生利用四川气候温和、雨量充沛、盆景资源丰富的特点，创造出具有自己特色的艺术风格。

川派盆景的风格：古拙而又潇洒，规则而又苍劲，把悬根露爪、盘根错节、古雅奇特作为重要标准，四川又以花果盆景著称。

★ **主要艺术特点如下。**

1. 盆景植物资源丰富、种类繁多而且具有地方特色，如石榴、垂丝海棠、银杏、地柏等。

2. 在造型上野桩以修剪为主，繁殖苗以棕丝绑扎为主，形式多样，随树而异。造型上遵循蟠扎，滚龙抱柱技法曲折多变。

3. 野生树桩盆景注重悬根露爪，盘根错节，表现的是古拙奇特。

第三节 盆景树种

制作树桩盆景的树种很多，很多新的树种也被开发出来。其中，制作树桩盆景的主要树种如下。

一、五针松

五针松叶密针短，四季常绿，生长速度快，耐修剪，易绑扎，树姿优美，制作成的盆景，挺拔、遒劲、苍翠。可做成水旱式、双干式、曲干式、附石式、直干式、悬崖式、临水式等。但常见的有悬崖式、双干式、附石式、曲干式等盆景造型。

五针松

黑松

黑松

黑松树干清瘦古拙，斑驳如鳞，针叶粗壮劲健，小枝垂而有力，柔中寓刚，具有一种朴拙的阳刚。适宜做成直干式、斜干式和悬崖式等多种形式的盆景。如坯干

粗直，可做成直干式稳重敦实，树干自然弯曲，可做成曲干式，也可做成悬崖式。黑松桩最为常见的是直干式、曲干式。

三、金钱松

金钱松

金钱松的叶细小秀气，富有画意，其树姿挺拔直立，多保留其自然形态，清秀飘逸，也可做成丛林式盆景，疏密自然，配以点石人物，尽显自然风景，清新脱俗。其次就是直干式和双干式盆景、曲干式盆景。

四、真柏

真柏枝叶紧密，叶色苍翠，枝干苍劲，易于修剪和绑扎，其姿态古拙苍老，郁郁葱葱，其舍利干更具古韵。真柏的造

型大多比较自然，按其树形自然造型，常有曲干式、水旱式、丛林式盆景等。

真柏

五、罗汉松

罗汉松

罗汉松树姿优美，生长缓慢，老桩古朴，叶色清绿，萌发力强，耐修剪绑扎。

罗汉松盆景尤以雀舌罗汉松为上，叶小而枝密，骨劲，根骨悬露，其趣盎然，别具画意，是制作盆景之上品。罗汉松常见的造型有直干式、斜干式、临水式、悬崖式等盆景形式。

六、枸杞木

枸杞木

枸杞木树形端庄秀丽，枝叶密生，叶小清秀，四季苍绿。其形态清新雅丽，苍劲高洁，自然朴质。枸杞木叶细小而密集，轮生，生长较缓慢，耐修剪及绑扎，小枝柔软，容易造型，可绑扎成多种形式，斜干式、曲干式、悬崖式、附石式等，飘逸秀丽。

七、银杏

银杏

银杏树干通直，树形优美，叶形较奇特，春季发叶嫩绿，而到秋季叶变金黄色，令人赏心悦目，其老干枯透雅致，苍劲古朴。银杏耐修剪绑扎，易于造型，可做成多种形式，直干式大树型庄重敦实，丛林式野趣盎然等。银杏的常见造型有直干式大树型盆景、斜干式、丛林式等。

八、榔榆

榔榆树姿优美洒脱，树皮斑驳，其老干枯朽，枝条垂拂，枝干疏朗而挺拔，提根露爪，更显树桩姿态古朴苍劲。榔榆枝

条容易弯曲，萌芽力强，耐修剪绑扎，可制成多种形式的盆景。常见造型有直干式、斜干式、连根式、悬崖式、临水式、卧干式等。

榔榆

九、石榴

石榴

石榴树皮粗糙，显老态，春叶绿，婀娜多姿，开花时团团凝红，花红似火，秋

果高悬枝头，华贵雍容，其老桩苍劲古朴，根蘖盘曲，古雅多姿。可制成观花观果盆景。

 十、紫薇

紫薇

紫薇树皮光滑屈曲，树干自然弯曲，枝干舒展，花艳丽多彩。紫薇蘖生性强，耐修剪，可攀枝扎形，紫薇盆景的常见造型有直干大树型，斜干式，曲干式等。

 十一、火棘

火棘枝叶茂盛，入秋以后串串红果挂满枝头，经久不落，犹如珊瑚果，璀璨夺目，且枝干耐修剪绑扎。火棘枝叶繁茂，

叶常绿，入秋红果挂于枝头，喜庆红火，经冬不凋，且枝干耐修剪绑扎，可制作成丛林式、曲干式、直干式、斜干式等多种形式的盆景。

火棘

 十二、南天竹

南天竹茎干直立，入秋片片红叶尽染，清秀、典雅。更有红果高挂，悬垂枝头，是观叶、观果的良材。南天竹茎干丛生，枝叶扶疏，秋冬叶色变红，鲜艳无比，更有累累红果，经久不落，可制作成丛林式盆景，尽显自然本色。老桩也可做成一本多干式。

南天竹

十三、梅花

梅花

梅花花色多样，品种繁多，清香悠悠且有花魁之称，梅花枝干老态，干硬，形态较自然，耐干旱，早春开花，色香态俱佳，其老桩姿态古雅，苍劲，秀丽，古朴生姿，别具风韵。

梅花耐修剪，可制作成枯干式、卧干式、斜干式、丛林式、龙游梅（徽派盆景较典型的形式）等造型。

十四、鸡爪槭

鸡爪槭

鸡爪槭树形优美，叶形秀丽，春季发新叶及秋后叶色红艳，极具观赏性，枝条细长耐修剪，根易悬露。其老桩古朴典雅，形态自然，别具韵味。鸡爪槭盆景的

图解盆景 制作与养护

常见造型有附石式、丛林式、斜干式、双干式、露根式等。

 十五、枸骨

枸骨

枸骨叶形较奇特，且枝叶生长茂密，叶浓绿而有光泽，秋果高挂枝头，经冬而不凋谢，萌芽力强，耐修剪绑扎，其老桩生机盎然，情趣秀丽。枸骨盆景常见的造型有曲干式、斜干式、直干式。

 十六、紫藤

生长势强，紫藤花繁似锦，垂悬于枝头，夏秋季枝繁叶茂，其老桩枝干虬曲，

形态自然古拙。紫藤可制作成悬崖式、斜干式、临水式等观花盆景。

紫藤

 十七、榕树

榕树的树冠大，枝叶较茂密，叶色四季常绿，主干多成疙瘩，俗称（地瓜榕），其根部自然裸露，形态自然而奇特，且多有气生根，具有热带雨林的景观。可制作成直干式大树型盆景等多种形式，其老桩古朴、苍劲，百根垂吸盆面，别具南国情趣。榕树盆景生长速度快，耐修剪。常见的造型有直干式大树型、斜干式等。

九里香

十九、瓜子黄杨

榕树

瓜子黄杨

十八、九里香

　　九里香是岭南派盆景的典型树种。九里香树姿优美，茎干柔软舒展，树皮灰白色，花白色极香，花后果实通红。叶四季常绿，萌发力强，耐修剪绑扎，其老桩枝干苍劲，虬曲，生命力强。九里香盆景的常见造型有斜干式、双干式、直干式大树型等。

　　瓜子黄杨枝叶疏密有致，生命力强，耐修剪绑扎，叶常绿，生长缓慢，其老桩

姿多古拙、稳重、挺拔、生机盎然，苍劲而有力。瓜子黄杨四季常绿，枝干老态，且宜修剪绑扎，可制作成直干式大树型、双干式、多干式等多种形式。

露，姿奇态古，具有枯木逢春的独特形态。雀梅的常见造型有多种形式：直干式、斜干式、悬崖式、多干式、卧干式、临水式等。

二十、金银花

金银花

金银花藤蔓缠绕，叶绿花香，萌芽力强，耐修剪绑扎。金银花盆景其老桩姿态古雅，柔枝飘逸，适合做成自然形态，因桩定型，呈现自然风貌。常见造型有垂枝式。

二十一、雀梅

雀梅老桩树干多枯朽，而其枝干却苍古虬曲，萌芽力强，耐修剪绑扎，根易显

雀梅

二十二、六月雪

六月雪

六月雪植株低矮，枝叶茂密，繁花似雪，其枝条较柔软，萌发力强，耐修剪绑扎，适宜做成小盆景和合栽式盆景（即丛林式），能小中见大，显大自然微缩景观。六月雪根系发达，叶面小，最适宜制作成微型盆景，也可制作成丛林式盆景等。

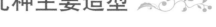

第四节 盆景的几种主要造型

传统盆景主要有如下的十三种造型，但各造型之间并不是相互独立的，而是相互交融，相互渗透。

一、直干式盆景

可分为单干式、多干式等形式。制作直干式盆景常见的树种有红枫、银杏、水杉、金钱松、三角枫、榆树等。

1. 单干式

单干式盆景的造型方法：单干式可选择老桩进行造型修剪，按其树桩自有的直干形态，对其各个侧枝进行合理的分布，前侧枝和后侧枝都要围绕主干的姿态而分配多与少。各部位枝条分布合理，才能尽显盆景的秀丽，清新至美感。

2. 双干式

五针松（双干式）

双干式盆景造型方法：双干式盆景是由两株植物所组成的盆景，两株植物要选

刺柏（单干式）

用高矮不等，粗细不等的同一树种。

双干式宜选用圆盆或长方盆、椭圆盆栽植。选取植物时要选主干粗一点、高一点，次干矮一点、略细一点，两株的配植可一直一斜，以表现主次分明，不至于呆板。可疏可密，但一定要协调，不可过于紧密和过于疏散，枝条的分布要合理、均匀。

3. 多干式

杜鹃（多干式）

多干式盆景的造型方法：盆景由多个植株组成，各株要围绕其主干分布，要有疏有密，合理分布。每个植株都用铁丝绑好，绑成所需的形态。把所有植株栽放好后，对影响其美观的枝条进行修剪，使其更显自然景观的美态。

二、斜干式盆景

三角枫（斜干式）

斜干式是一种较常见的形式，树干向一侧倾斜，主干或直或略有弯曲，树冠生长均衡，枝叶分布均匀而自然。造型时可根据盆的形状置于盆的2/3处。树干倾斜。如盆的一侧露空，可点缀一块形状好的石头加以补空，显示整个桩景的协调。

制作斜干式盆景是常见的树种有榔榆、雀梅、鸡爪槭、枸骨等。

三、曲干式盆景

曲干式盆景树木主干生长自根部至顶部回旋折曲，甚至连细枝都是旋曲而生，主干的弯曲各有形态。自然式曲干没有固定格式，但规定式的曲干各有规定，如

"二弯半"、"方拐"、"六台三托一顶"等。造型时可选用长方形盆、圆盆、椭圆盆等栽种。根据盆的形状置于盆的中央或盆的2/3处。在每个弯曲部位外侧留有侧枝并造型成片，弯曲部内侧不可留有枝条，否则影响其造型美观。下部的侧枝一定要长至顶部并逐步缩短，但每个侧枝必须围绕主干的弯曲而有变化并呈自然弯曲状。

 四、临水式盆景

黑松（临水式）

瓜子黄杨（曲干式）

制作曲干式盆景的主要树种有：枸骨、火棘、五针松、雀梅等。

临水式盆景适宜选用深一点的圆盆或方盆。选取树桩根基部能成90度左右横向生长且健壮的树桩，把选好的树桩栽入圆盆或方盆中再行造型，临水式盆景的主干横飘出盆面，主干要略有弯曲并使之自然，对横向飘出的树干上的侧枝进行疏剪绑扎，使之分布合理。各侧枝留有多少要根据桩形进行取舍，使之整个桩景要协调，分布合理、均衡是其主要目的，用铁丝成45度缠好侧枝并在基部固定好，弯成所需形状，随主干的动势而有变化。主干

至飘出枝干顶部要逐步收小，以达到自然界的大树受风吹而倒临水的景观。

制作临水式盆景的主要树种有：紫藤、雀梅、黑松、榔榆、胡颓子等。

临水式和悬崖式的区别：悬崖式其主干垂弯于盆下，而临水式是横向飘出盆面。临水式盆景的顶部不易过大，要和盆、桩景相适宜。

五、悬崖式盆景

瓜子黄杨（悬崖式）

悬崖式盆景一般都是选用干筒盆。悬崖式盆景分为大悬崖和小悬崖。大悬崖式盆景，悬垂的树冠超出干筒盆的盆底，而小悬崖盆景悬垂的树冠不超过盆底。小悬

崖盆景一般不低于干筒盆的3/4。制作时选取树种根的基部到第一侧枝不少于25厘米长度，对其纵向、横向十字开刀，并用胶布缠好，用粗铁丝成45度绕好。固定牢使之弯曲下垂。树头也可略上翘，侧枝要根据下垂的主干变化而有变化。选材要有侧根，树干身段要跌宕有序，飘逸有势。

制作悬崖式盆景的主要树种有：五针松、黑松、九里香、榔榆、雀梅、小叶黄杨等。

六、水旱式盆景

雀梅（水旱式）

水旱式盆景造型多选用浅盆。把造好型的真柏1株或2株或斜或卧，摆放于盆的一侧2/3处，盆的另一侧留作水面。二植株应有前后高低之分，不可放于一条直线

上。二植株的主干不可距离过远或过近，布局要合理。留作水面的一侧应为盆长的1/3为好，把二植株真柏摆放好位置后填土栽好，用有自然形状的龟纹石或千层石错落有致的布置水岸，然后贴上青苔，点缀小配件，还可在树下配上点石。追求源于自然、高于自然的造型意境。制作水旱式盆景的主要树种不限，任何树种均可。

 七、丛林式盆景

五针松（丛林式）

丛林式盆景是以多个粗、细、高、矮不一，生长健壮的植株合栽于一盆之中，一般都是以单数为好。在制作前头脑中就要构思出自然森林景观的模式。首先对主

体部分布局，在盆的2/3处用一株或两株较高、较粗的植株作为布局的主体依据，用铁丝成45度角绕好树干先造好型，各侧枝要分布均匀合理，主体部分的树木或单数或双数布局，要求有疏有密，有高有低，有粗有细，合理布局，前后左右都要顾及到。其次是次体的布局，次体的最高的树木不能高于主体最高的树木，可两株或三株合理搭配，位置摆放好后填土压实，土不可一样平整，要有高低起伏，浇透水，贴上苔藓，最后在林中布以点石配件。

制作丛林式盆景的树种主要有：火棘、六月雪、银杏、梅花等。

 八、卧干式盆景

雀梅（卧干式）

卧干式盆景的主干横卧斜生于长方盆或椭圆盆中。选取具有老态的树木桩头，

栽植于长方盆或椭圆盆中，对主干的枝条走向要统一，一般都是偏栽植于盆的一边，以达到盆面的布局平衡，如果栽植布局不平衡，可在空白处加以拳石弥补缺陷，从而达到重心平衡的效果。弯曲成所需形状，但一定要和树木树桩整体走势一致，然后再对各侧枝进行整形。侧枝的整形方法基本和主枝的方法一样，用铁丝在主干上固定好成45度角把侧枝绕好，弯曲成所需形状，侧枝要和主体相和谐。

制作卧干式盆景的主要树种有：榔榆、雀梅、朴树、石榴、紫藤等。

九、附石式盆景

火棘（附石式）

附石式树桩的根附生在石头的缝隙间，其根几经折曲挤压穿岩走隙。附石式盆景的石料可选择软石类，如沙积石，因其石质疏松，吸水性强，容易使树桩的根吸附于石上。也可选用硬石类，如英德石、太湖石等，因其石料较硬，根不易吸附于石上。

在制作时选用形状较好的石料，在石料上凿洞孔，最好是在背面凿有穿透的洞眼，然后在较大的洞孔中培上营养土，把树桩的短根栽植于洞孔中，较长的根，穿于过洞眼栽入盆内土中，再将部分的长根紧贴石料的表层缝隙。使树根附石，然后用略带些土的青苔，贴满树根，以树根不外露为好，保湿，经过几年的培养，根与石的缝隙，紧密附合就可取掉青苔，露出附石的树根，成附石之态。

制作附石式盆景的主要树种有：榔榆、六月雪、五针松、鸡爪槭。

十、文人木式盆景

黑松（文人木式）

　　文人木式盆景表现的是一种飘逸、洒脱之形态。栽植时一般都选用浅圆盆较好。文人木式主干或直或略有弯曲，从根的基部到顶部不留有侧枝，是利用树冠部的各侧枝进行造型，在树冠部留用一较长侧枝或左、或右，用铁丝成45度绕好，下飘弯曲。第二侧枝要短于第一侧枝再逐步收顶。

　　制作文人木式盆景的主要树种有：黄杨、雀梅、五针松、柏树等。

十一、露根式（提根式）盆景

朴树（露根式）

　　露根式盆景是观赏根部的景观，其根部成"鸡爪"或"盘曲"状，裸露盆面，制作过程中，如遇不理想的根部，可在树基部环剥，使之重发新根，以更换根形。也可用枝干弯曲，剪掉弯曲干部下方的枝，埋入土中，上部不断长出新枝，待长出新根以后经过多年的培养逐年提高根部，便形成悬根露爪的一本多干式桩景。对需要露根的桩景，在每次翻盆时，要不断提根，使根部自然露出盆面。

　　制作露根式盆景的主要树种有：鸡爪槭、榕树、黑松、罗汉松等。

十二、枯干式盆景

榕树（枯干式）

枯干式盆景以干枯为关键点。可以是活的枯干，也可以是死的枯干。制作枯干式盆景的主要树种有榆树、柏树、榕树等。

十三、微型盆景

罗汉松（微型盆景）

一般树高不超过10厘米的盆景都称为微型盆景。微型盆景可玩于掌上，故又称之为掌上盆景。虽然其景小，但能显现山野的趣味，小中见大，耐人寻味。浓缩成寸，是其主要特色。

制作微型盆景在选材上一定要注意植物的叶要小，如六月雪、龟甲冬青、珍珠黄杨等，微型盆景的制作不讲究什么形式，注重自然，对树干略有绑扎，使之弯曲自然，侧枝不宜过多而密，略有几片自然分布即可。

微型盆景养护时注意不能失水，因为微型盆景的盆土极少，水分蒸发快，容易干燥。可放置于沙床上养护，沙床可以保水保湿，炎热的夏季注意遮阴，喷水保湿。不需要施太多的肥，春秋各施一次薄肥即可。注意病虫害的防治，不然会影响其观赏效果。微型盆景根据其形状通过修剪控制生长，剪其生长较快、过长的枝条，以及根部萌蘖枝。

第二章

树桩盆景的栽培养护攻略

第一节 树桩盆景的选桩

树桩盆景制作的最基本的要求是懂得对植物材料的选择，优良的植物材料才能产生优美的树桩盆景佳作。盆景的植物良材和园林绿化所用的花木在概念要求上不同。盆景植物材料的选择受到植物生物学特性、栽培特点和造型艺术的约束，故有如下选择植物的原则：树根裸露、盘根错节、怪根古拙；树干直、斜、曲、卧、垂、古、奇、斑驳；树枝刚健、柔和、平展、疏密；树叶细小、斑彩、常青、丛生；花果艳丽、淡雅、芬芳；且要求萌芽成枝率强，耐阴耐阳性强，生长缓慢，寿命长，容易繁殖，耐修剪易造型；具耐旱、耐湿、耐瘠薄抗病虫害等适性强、抗性强的特性。

柞木

第二节 树桩的采挖

树桩材料的来源有：市场购买树桩、人工繁殖小树桩和挖掘野生树桩三种。

市场购买树桩

★ **市场购买树桩应注意以下几点。**

① 注意在购买时看树桩是否过度失水不易栽活。

② 注意树桩的根部须根，须根不宜太少，太少则不易成活。

③ 注意树桩形态要具备古老苍劲的姿态。

二、人工繁殖小树桩

人工繁殖主要是通过扦插、高压、嫁接等方法繁殖的小树桩。小树桩虽然小，但经过精心培育和艺术加工，也能起到小中见大的效果。

白蜡

三、挖掘野生树桩

★ **挖掘野生树桩有几点好处。**

① 山野树桩由于人为的多年砍伐，经过自然界的雕塑，姿态苍老古朴，其自然美是能工巧匠不可比的。

② 成型快，自挖掘到成型少则两年，多则四五年。

③ 成本低。

四、野生树桩挖掘注意事项

① 挖掘前的准备工作：首先要摸情况，摸清树桩所在地、规格、质量、品种等情况。其次要根据挖掘树桩的数量组织人员，准备工具。同时要解决好运输工具。

② 挖掘的时间：选择适当的时间挖掘对树桩的成活很关键。落叶树种在秋末冬初开始挖掘，此时树木已开始进入休眠期，容易成活。另一时期是早春土壤化冻之后，树木没有发芽之前。一般是十一月份至一月初，一月中旬至三月底。常绿树种除以上时间外，还可在生长期带土挖掘。盆栽的坯桩因换盆容易，成活也容易，可随时取用。

罗汉松

③ 挖掘方法：首先清理树桩四周的障碍，剪去树桩上部不需要的枝条，然后根据根的走向，分别下铲，先断主根，再断侧根，边挖边摇。松柏类和常绿树桩，必须要带泥挖掘，以便保证成活。

④ 临时处理：树桩挖好后，最好是当天栽种，如果不能栽植，则需要做一些处理：a.进行初步的修剪，以减少植物体内的水分损失。b.将根部打上泥浆并覆盖，给植物喷水保湿。如需4、5天以后才运输或栽种，则需先假植。

第三节 新桩栽培养护方法

树桩起挖后应立即栽植，栽植前应准备好所需物品，如营养土、花盆、枝剪等。树桩盆景一般均要求排水良好、透气性好、营养丰富、富含腐殖质的土壤。栽植新桩及成型盆景均可自己配制土壤。盆土的制作方法如下。

① 取园土5份，腐叶土2份，腐熟的豆饼渣1份，腐熟的牛粪2份，草木灰2份，黄沙或河沙2份，充分地拌匀后使用。

② 在松柏树下挖取已经经过常年腐烂的针叶土，针叶土是偏酸性土壤，疏松透气，透水，有利植物生长，挖回后还可渗些园土混合使用。

③ 也可用园土与树叶堆制而成。一层土，一层树叶，一层人粪尿或牛粪堆制，冬季翻开冻，来年春天过筛。

老鸦柿

毛坯最好用泥盆栽植。盆以泥盆为上，泥盆透气透水，便于植物的成活。泥盆的大小、深浅应根据毛坯的大小来确定。栽植前根据树桩的形态进行修剪，剪去上部不需要的枝条，以降低其水分蒸发量，提高成活率。同时剪除树桩的伤根病根，并进行根部消毒，有条件栽培时可添加生根剂。对树干上伤口大的地方应用塑料布覆盖绑扎，或涂抹伤口胶，以防树干失水。栽植的方法和一般盆树栽植方法相同，先在盆底孔垫上瓦片，后在盆底加少量的营养土，然后将树桩放入，在根部的四周加土，并不断地用手按压，直至将根部埋入土中。

新桩栽种完成后，浇透水，以使泥土与根系充分接触。然后将树桩盆栽放置在半阴的环境中。第二天再浇透水。以后等土偏干后才浇水，但每天均应对树桩喷雾或洒水数次，减少茎干的水分蒸发，防止抽干。注意：喷水量不能大，尽量不要使盆土过湿，防止土壤过湿烂根。盆土过湿也不利于新根的生长。

因为毛坯在挖掘和运输的途中会出现部分失水的现象，所以上盆初期应以保活为主。待长出新叶后可移至光照合适的地方养护，可逐步将树桩盆栽移至光线较好

的地方培养。在新桩生长的同时即可根据造型需要去留枝条，为以后的盆景制作打下基础。

雀梅

★ **养坯除了水肥养护管理外，应特别注意以下几点。**

① 防寒，这是树桩成活之关键。秋冬季节现栽的树桩其本身已有损伤，缺乏抗寒能力，如不注意防寒，树桩极难成活。防寒的方法有放在温室、搭棚架或将盆埋入土中加盖埋土保暖等，只要保持盆土不结冰即可。由于新栽树桩根系吸水能力极强，新栽树桩也不能放在气温较高的温室内，防止树桩失水抽干，如环境温度较高，应注意经常向枝干上喷水，以减少树

桩水分蒸发。

② 防"假活"现象。新栽的树桩一发芽，有人就认为已经活了，就放松管理，其实这就是"假活"现象。因为植物体本身就有营养，只要环境条件适合，即使新根还未长出，枝干也会长出新芽，因此此时应注意管理，确保水分供应，防止树桩失水。"假活"是真活的第一步，因为这些新的芽、叶、枝可以进行光合作用，促进提早生根，制造养分提高成活。

第四节 盆景日常养护管理

为保持盆景的观赏造型，盆景树桩均生长在土少、肥少、水少的环境，因此，要保证盆景的正常生长并非易事，更何况好的盆景均是多年老桩，生长势本身就不旺，要达到叶茂花盛，需要很好的照顾。

一 盆景换盆

黄杨

盆景上盆或换盆应在休眠季节或生长势较弱的季节。如冬季落叶树种以秋季落叶后或早春萌动前为好。长绿树种以早春气温回升后但新叶未萌动前进行。

树桩盆景都是木本植物，一般都是3~5年翻一次盆。中小型盆2~3年翻一次盆。翻盆一般在休眠期进行。翻盆时先把树桩倒出，根据树桩的情况保留原有树桩根部1/2至1/3的旧土，去掉多余的旧土，然后去掉一些老根、枯根、断根及过密的根。在需要换的紫砂盆的盆孔垫上几块瓦片，有利排水，底层放入颗粒大的营养土，再铺上细一点的营养土，然后把树桩放入盆中要求的位置，填好营养土，压实，使根部与土紧密结合，浇透水，放在阴一点的地方进行养护，避免强光的照射。对于浅盆可用铁丝在树桩的根部固定好并穿入排水孔绑好，然后填上营养土压实。

二、盆景的浇水

浇水对于盆景养护至关重要，因盆景的盆土有限容易干燥，如不及时补充水分，容易枯死。但是盆景浇水不可过多，否则容易引起树枝疯长，也有可能引起根系的腐烂，所以一定要掌握好水分的"量"。

浇水总的原则是：盆土不干不浇，浇必须浇透。宁愿适当干一点，不可经常过湿。

浇水时首先要了解各种树种是喜干还是喜湿，浇水应因树而宜。如松柏类的植物应适当控水，使针叶变短，增加美感。一般情况下喜阳树种可多浇水，喜阴的树种少浇水，叶大而薄的多浇，叶小而厚的少浇。

其次，不同的季节植物对水分的要求不同。春秋季节是植物的生长旺盛季节，应保持盆土的湿润。夏季高温时盆景植物的水分蒸发量很大，应多给树桩补水，不能让盆土干透，同时向叶面多喷水以保持湿度，减少蒸发。但冬季气温低时，盆景的生长势很低，浇水不能多，应使盆土偏干。

石榴

第三，应注意浇水的时间。夏季炎热应在早晨及傍晚浇水，中午可叶面喷水；冬季应在中午浇水；春季和秋季在上午和下午浇都可以。

第四，植物生长的不同时期对水分的要求不同。长枝叶期可以多浇水，有利于枝叶的生长。但花芽分化期应减少浇水，否则不利于花芽分化。

第五，可根据盆土的颜色和开裂程度

来浇水，如发现盆土发白或干硬，土壤表面龟裂，或植物的叶自上而下自然脱落，说明植物缺水，应及时补足水分。如果植物黄叶挂于枝上不掉，说明盆土过湿，此时应控水。

第六，浇水时也应考虑盆的大小。大盆、深盆一次浇足水，待干后再浇；小盆、浅盆要少浇常浇。

 三、盆景的施肥

盆景中的泥土少，养分有限。为了保证植物的正常生长，要注意补充肥料。但由于为保持盆景的形态，加上一般树桩盆景生长缓慢，不需施入太多的养分，以免枝叶徒长，影响美观。一般来说，一年施5~6次即可。

给盆景施肥要掌握的原则是：薄肥勤施。在春季植物开始萌动至秋季休眠时均可以施肥，但如果夏季温度较高，应停止施肥。此时温度高，施肥往往会烧伤植物的根部。冬季对一些长势较弱的植物可施一些基肥，有利来年发芽。对喜肥的树种应多施几次，对不喜肥的树种应少施肥。

在给树桩盆景施肥时要注意以下几点。

地瓜榕

① 盆景一般都是施用充分腐熟的豆饼、菜子饼或麻油渣作为肥料。有机肥、豆饼肥一定要腐熟后才能施用。无机肥（俗称化肥），最好只作为叶面追肥。无机肥可在春季稀释后喷叶面追肥。

② 肥液不宜过浓，一定要稀释后使用。可用一份已经腐熟的豆饼肥液兑一份水稀释后使用。

③ 液肥应尽量施入盆土中，不要洒在叶面上，以免烧伤叶面影响美观。施完肥后最好向叶面喷水，以冲洗沾在叶片上的肥料。

④ 施肥应在晴天，盆土稍干时施用。

⑤ 梅雨季节和高湿季节不要施肥。

⑥ 新种的树桩，在新根未发达时不宜施肥。

 四、盆景的修剪

树桩盆景在成型后如任其生长，势必会影响其观赏效果，所以要对其不断的修剪和整形，才能使树桩盆景保持最佳的观赏效果。在生长期，植物生长快，病虫害也易发生，要及时剪去病枝、虫枝及多余的枝条，以保持原有的形态。要剪除基部的萌芽和主干长出的嫩芽。在休眠期要重剪，以保持原有的骨架。

 五、盆景的遮阴与防寒

根据植物的生长习性，在夏季对喜阴的植物及小盆景、浅盆栽植的盆景等，要进行遮阴保护。冬季对南方不耐寒的植物进行防寒保暖工作，移入温室保暖或在背风处搭棚保暖。

第五节 病虫害防治

盆景植物由于处于控水、控肥且修剪强烈的环境下，生长条件恶劣，自身的抗性较正常生长条件下的植物要差得多，因此盆景病虫害也较容易发生。盆景病虫害的防治应以预防为主。

 一、盆景主要病害

① 落叶病：此病五针松盆景易发。会造成五针松的针叶枯黄脱落，严重时会使整个盆景的针叶脱光。所以这种病害应以预防为主。

三角梅

② 叶枯病：从叶缘处开始发病，初呈不规则黄褐色斑点，后逐步扩大至全叶，

病叶死亡。叶枯病会造成罗汉松、五针松落叶而盆景失去观赏价值。

③ 叶斑病：包括褐斑病、黑斑病、叶斑病等。该病会在叶片上形成叶斑，既影响植物生长，又影响美观。银杏、石榴均易发生。

④ 白粉病：该病会在叶片上形成白粉状物，故名。石榴易发。

⑤ 炭疽病：叶片、花、球茎感染后出现圆形、椭圆形淡黄色、周围黑褐色病斑，天气潮湿时，病斑上产生红色黏液。

上述病害均可用70%甲基托布津、50%多菌灵、75%百菌清800倍、70%甲基托布津、50%克菌丹于发病初期喷施防治。具体使用浓度可观看相应说明书。

二、盆景主要虫害

① 松材线虫：松材线虫可导致黑松盆景死亡，应以预防为主。松材线虫是通过天牛传播的，防治应从防止天牛危害着手。

② 白粉虱：成虫白色，比蚊子略大，会飞，吸附于叶片背面，轻触叶片时会飞出。白粉虱主要吸取植株体液。受害叶片

正面呈点状黄斑，后发黄枯萎。

③ 蚧壳虫：蚧壳虫成虫近圆形或椭圆形，吸附于枝叶之上。主要吸食植物汁液，造成被害枝叶发黄、卷曲，甚至畸形。药物防治效果不好。成虫不能移动，可人工将其刮除。

④ 红蜘蛛：被害叶片发黄、卷曲，甚至畸形，叶片正面呈网状发白。红蜘蛛在空气干燥、不流通的环境下极易发生。

⑤ 蚜虫：蚜虫品种较多，芝麻粒大小，绿色，密布于嫩枝叶上，吸食植物汁液，造成被害枝叶发黄、卷曲，甚至畸形。植株上的蚜虫较少时，可用手将其捏死。

上述虫害可用敌敌畏乳油、90%敌百虫、敌杀死、蚜青灵等防治。使用浓度可见说明书。

三、盆景病虫害防治的偏方

花卉喷施农药始终存在着污染问题，为了减少农药时对人体的危害，在农药的选择上应以有疗效而且对人体影响较小的农药为好。在家庭中也可用其他无污染的材料代替农药来防治盆景的病虫害。有兴

趣者不妨一试。

1. 大蒜

因为大蒜中含有抗生素，可以有效地抑制病害的扩展。将整个大蒜头拍碎泡入1000克（2斤）水中，浸泡2~3小时后即可取上清液喷施于盆景的病虫害部位，大蒜液可有效地防治叶斑病、炭疽病，还可以防治蚜虫。

2. 大葱

将葱1~2根泡入1碗水中，24小时后用泡葱的水喷施患白粉病、蚜虫的花卉，可以起到一定的治疗效果。

3. 姜

将生姜拍碎兑水约200倍，浸泡5~6小时后取上清液喷施盆景可治疗腐霉病。

4. 韭菜

韭菜捣碎兑水200倍左右取上清液喷施患蚜虫的花卉，可起到治疗作用。

5. 风油精

风油精兑水500倍左右喷施花卉，可防治蚜虫和红蜘蛛。

6. 醋

食醋兑水200~300倍喷施花卉可以治疗黑斑病、霜霉病、白粉病等真菌性病害，由于醋含有丰富的养分，还可提高盆景植物叶绿素的含量，增强盆景植物的光合作用，能促进其生长健壮，提高抗病能力。但因食醋含有盐，不宜多用。

7. 香烟水

3~5个香烟头泡入1碗水中，12小时后取清液喷施可防治蚜虫、红蜘蛛等病虫害。

8. 红霉素软膏、达克宁霜

用红霉素软膏或达克宁软膏将炭疽病、黑斑病、叶斑病、灰霉病、锈病等病害在叶片的正反面形成的病斑涂盖，并且涂盖范围要较病斑大。

由于这类软膏本身含有杀菌的成分，可以杀灭叶片中的病菌病斑。在涂满软膏后由于不透气，病菌也容易死亡。同时涂满软膏后既防止病斑的向外扩大，也阻止了病菌的子实体散发到空气中，减少侵染其他花卉的机会。相对于喷药防治而言，此法简捷、方便，而且效果较喷药防治好。而且此法能迅速控制住病斑的扩展，对叶片损伤小，如能在发病初期即进行处理，在叶片上基本上不会残留枯斑。

虽然上述方法有较好的疗效，但在治疗有些盆景病虫害时有时效果并不明显，读者在使用时如发现上述方法效果不佳时还应用药防治。

树桩盆景所具有的干姿百态、生机盎然、古朴典雅的形式，都是经过精心的栽培、修剪和长期的蟠扎而成的。盆景的立意、布局是否合理得当是盆景制作的关键，很好地灵活运用各种艺术手法，把大自然浓缩于咫尺盆中，才能使人百看不厌，心旷神怡，有一种美的享受。

第三章

树桩盆景制作技法图解

★ 制作盆景首先应立意

胸有丘壑，落笔才自然神速，对如何表现树桩的形态心中一定要有一个明确、深思的构图，然后再进行对树桩整姿定型。

对于树桩盆景，修剪、蟠扎的顺序与方向都要计划好。对所选用树桩的枝、叶、干、根的形态，要细心的审视，做到"胸有树态"。日常生活中要细心观察大自然的景观，加强文学与绘画艺术修养，多看前人对盆景的造型及修剪技艺，从中吸取精华，为盆景造型立意奠定基础。

★ 制作盆景应注意主次分明

树桩盆景是一门艺术，源于自然，而又高于自然。我们要学会观察自然，对自然景物有选择，有取舍，突出主题。在树桩的整形修剪时，枝干的高低、长短要有主次之分，整形从主干开始，使侧干和侧枝、细枝围绕主干，突出主干的神韵。

★ 制作盆景还应因材施艺

树桩盆景材料大多都是从野外采掘而来，进行加工培植时，要根据树桩原有的形态加以艺术加工，使其成景趋于自然。

树桩盆景枝条合理分布，是盆景造型的关键。对构图有用的枝条必须保留，影响构图的枝条必须剪掉，这就是制作盆景时对枝条取舍的原则。

1. 树冠的分布，侧枝选留及培养

树桩盆景的树冠一般分为自然树冠、平冠和球冠等几种，这些树冠要有仰、有俯，有高有低，有大有小，高低有层次，起伏要自然，注意全株均衡，使动向和形态各异。侧枝的选与留、多和少是根据树干的高度和第一侧枝的长度来定，在培养过程中不仅要考虑主干的高度，还要考虑到侧枝的分布。应注意下列问题。

① 侧枝的位置要前后左右发展。

② 侧枝应避免上下垂叠。

③ 侧枝的数量要根据主干粗细、高矮等因素确定。

④ 对该生侧枝处不生侧枝处的处理，可用靠枝法弥补。

⑤ 对生长过快的侧枝多修剪，对过细的侧枝不修剪，从而达到粗细均匀的效果。

⑥ 对遮干枝和后枝的处理要得体，它们起着点缀和修饰作用。

2. 树桩盆景树干的整形

① 用金属丝绑扎：一般用铜丝或铁丝。对不同粗细的树干选用不同型号的铁丝或铜丝进行绑扎。绕铁丝时，必须要紧贴树干绕成45度为宜。对生长较快的树种要及时解除铁丝。对铁丝不易弯曲的较粗的树干可用"开刀"法拉弯树干，即用刀在树干的中部切开然后再对切，用胶布包扎好，然后绕上铁丝拉弯成所需形状。

② 组合成形：对一些不能单独造型的树桩，通过用两株或多个组成双干或多干形式的盆景。

③ 蓄枝截干：是岭南派艺术手法之一，在树桩主干定型后，对可蓄的主干顶部长到一定程度与下面枝条比例均衡时，可采用反复修剪，以达到形成自然的树冠，对主干的主枝与侧枝也可用此法，使枝条成"鹿角枝"或"蟹爪枝"，骨架优美。

3. 对树桩盆景根的整形

① 对达不到要求的树根可用环剥法改造根的形态。用刀环剥树干基部，使之萌发新根而达到目的。

② 对柔软的树根如六月雪、锦鸡儿等，可把根缠绕形成盘根形式。

③ 如需附石露根，可用铁丝把根绑于形态好的石头上，包上青苔和棕丝，培上土使之慢慢长于石头上然后去土、露根。

第一节 大阪五针松盆景制作图解

大阪五针松毛坯的正面树形

修剪枯枝、交叉枝、重叠枝等。可留少许枯枝点缀

枯枝等修剪后的树形

　　用大号金属丝对主枝进行蟠扎，蟠扎时一手握住需要弯曲的枝条，另一手对主干绕金属丝，弯曲时使金属丝与所需弯曲的枝条呈45度夹角，必须注意的是金属丝缠绕的方向一定要与枝条所要弯曲的方向一致

主干缠绕金属丝后的效果

对缠绕好金属丝的左侧主干拿弯，拿弯时须注意应一手顶住需要拿弯部位外侧，防止弯部断裂，另一手稍微带点旋转力气适中慢慢拿弯。注：最好在拿弯修剪造型时留有备用枝，用于拿弯用力过大枝条断裂时备用

对右侧主枝进行拿弯，方法同左侧主枝拿弯

观察侧枝的粗细，选择型号适中的金属丝对侧枝进行蟠扎

剪去顶部多余枝条，顶部不宜太过厚重

顶部枝条修剪后的效果

对左侧拿弯后的侧枝上的细枝进行

蟠扎

剪去左侧枝条上尾部过长的枝条

左侧枝条蟠扎后的效果

剪除左侧主枝上留有的备用侧枝

左侧枝条修剪后的效果

用金属丝对右侧侧枝及小细枝进行绑扎

剪除右侧枝条上方多余小枝

对左右侧细部小枝条进行蟠扎。蟠扎时注意所有金属丝缠绕方向需要一致

左右侧枝条蟠扎修剪后效果

继续对侧枝细分枝进行蟠扎

除顶部外大阪松剪扎好的效果

对主干及顶部枝条进行金属丝绑扎及修剪。在绑扎时握住枝条的手要注意力度，不能折断细枝，且注意顶部不宜过分厚重或过分稀薄

大阪松造型后的整体形状

将造型后的大阪松换盆

梳理根系，以便配盆

将选好的配盆，用纱网铺垫底部出水孔，并垫上少量泥土

修剪根系，以促进生长及配盆

将造型后的大阪松放入选好的盆中，观察配盆是否合适

往盆中加土，并用竹签将土捣实，以使根系与土壤紧密结合

上盆后的效果

将盆中铺满青苔，使其更具观赏效果

第二节 龟甲冬青盆景制作图解

制作前的龟甲冬青，树形杂乱无章，但其根部横卧很具观赏价值

对龟甲冬青右下侧主枝进行蟠扎

对小枝细部进行蟠扎，用一手捏住细枝，注意拿捏得轻重，以免力气过大造成枝条断裂，另一手用金属丝与枝条呈45度角进行缠绕，缠绕时须与已缠绕金属丝方向一致

右下侧枝条蟠扎后的效果

对左侧枝进行蟠扎造型

左侧两片蟠扎后的效果

对顶部枝条进行修剪蟠扎，缠绕金属丝手法同上

整体造型后的效果

　　梳理根系，剥除多余根系土，露出卧根

因根部也是重要的观赏部位，即用椭圆形盆突出根部

造型换盆后的整体效果，主干向右侧横卧，右下侧枝条尽力前伸，似有对大自然无穷探求之意

第三节 雀梅盆景制作图解一

　　制作前的雀梅正面树相，此盆雀梅已具备基础树形，因此创作主要用岭南盆景的制作手法，以修剪为主

　　修剪去四周的徒长枝

　　剪除根部多余枝条，突出根部的观赏性

部分枝条修剪后的树形

截掉主干前影响美观的枯干

枯干截除后的效果

对两侧主干修剪细枝，使观赏时不觉得过分厚重，增加其透光性

两侧主干修剪后的效果

对顶部的细枝进行修剪。剪去交错重叠枯萎等枝条

整体修剪后的树形，整体树相显清新自然

第四节 罗汉松盆景制作图解

制作前罗汉松正反面树形，此罗汉松上盆已有数年，为养坯多年未修剪的素材，但已有初生形态

定好正面后修剪去徒长枝条等多余的枝条

用不同型号的金属丝，对枝条进行蟠扎修整。金属丝选用，根据枝条的粗细选择。不宜太粗，会与枝条不搭调，也不宜太细，否则不能起到定型作用

修整造型后的树相

梳理根系，剪去阻碍配盆的硬根，留须根促进生长

配盆后的效果，弯曲的主干，分布均等的枝片，配置紫砂长方盆，使整体树势显端庄稳重

第五节 五针松盆景制作图解

制作前五针松的树相

剪除主干枯枝结疤及多余杂枝

枯枝等修剪后的效果

用金属丝对顶部两主分枝进行缠绕，便于造型

　　对粗侧枝进行拿弯下压后的效果。应注意对较粗枝条进行拿弯下压时须先对枝干进行缠绕保护树皮防止断裂后再缠绕金属丝，缠绕方向与枝干需要弯曲方向保持一致，拿弯时用扭劲慢慢将枝条下压

对左下侧枝条进行蟠扎

左右侧枝条造型后的效果

对后侧隐枝蟠扎

后侧隐枝蟠扎后的效果

对上部枝条进行造型。注意保留顶部造型片的数量，不宜过多，以免有头重脚轻之感

金属丝缠绕效果，注意缠绕方向一致，且松紧适度，不宜过紧，以免伤到树皮，不宜过松（不利于定型）

顶部未完成时的树形

剪除顶部多余枝条

对顶部枝条进行蟠扎

造型后的五针松形状

梳理剪除多余根系，便于配盆

五针松配盆后的效果

配盆并在盆面上铺满青苔后的效果，略直的主干配上紫砂圆形盆，体现出文人高风亮节的气质

第六节 雀梅盆景制作图解二

制作前的雀梅树桩，上盆多年，未经修剪树枝较凌乱

修剪掉徒长枝及交错等不必要的枝条，使其更有层次且不凌乱

用金属丝对枝条进行蟠扎，修剪去
多余细枝及新叶

此造型主要以绑扎为主制作剪扎后
树桩呈三角形，枝条四面分布更加清爽

第七节 黑松盆景制作图解

黑松的原始造型，上盆培养已有数年，选定正面，拟重新改作

观察树枝粗细，选择合适型号的金属丝拿弯，作悬崖式造型

主干拿弯后的树形

用金属丝对小分枝进行蟠扎，注意金属丝蟠扎的松紧度，不宜太紧以免破坏树皮

对小分枝细部蟠扎后的整体树形进行最后定型调整

配盆后所呈现的整体效果，通过高筒盆的搭配，使得树形险峻跌宕，犹如悬挂于千仞高崖边，临崖气势油然而生

第八节 配盆

盆的选择是根据树桩的大小形态来选择，根据树桩的大小高矮，选用适合树桩大小的盆，色彩要相搭配，树高和盆长基本相等，但也不尽然。文人木式盆景要求盆小树高有飘逸之感觉，还有选盆也要根据树干的粗细而定。定好型或成型后的盆景一般都是选用优质的宜兴紫砂盆。

悬崖式盆景选用干筒盆。常绿树种应选择黄紫砂盆或朱红紫砂盆为宜，尽量避免盆与树桩色彩一致。露根式的盆景应选择和树桩大小适宜的长方形盆和椭圆形盆来栽植，这样才能显示出悬根露爪的形态。丛林式盆景应选择紫砂椭圆形浅盆和大理石浅盆，不宜选用深盆或方盆。斜干式直干式盆景应选择方盆、圆盆、椭圆盆等移植。

给树桩配盆一定要考虑盆的形状、大小、深浅、颜色，要和桩景相协调，才能产生深远的意境。盆的色彩各异，紫砂陶盆有朱紫、海棠红、紫铜、鹅黄等，可配种各式树桩，釉盆有紫、青、红、黄等，因其色调明快，可配观花、观果桩景。

杜鹃

火棘

雀舌黄杨

　　盆景在观赏时一般均与几架结合，即盆景的陈设要置于合适的几架上，大型盆景放于大几架上，中小型盆景放于中小几架上，这样才能显示出盆景高雅的境界。

　　几架的种类很多，其形状可分为高架、矮架、方架、圆架、长条架、博古架等，其材料可分木制架、竹制架、陶制架、天然树根架等。

　　几架的配置可根据盆景形式，斜干式、卧干式可配长条几架，微型盆景可配博古架，悬崖式可配高几架等。

榆树

第四章

名作欣赏

五针松：三株组栽，高低错落有致，比例协调，出枝苍劲有力，淋漓尽致地表达松树不畏酷暑严寒的傲然本性

黑松：取材独特，主干向左急转而弯，枝条顺势前伸，好似在尽力为谁遮阴蔽日，树下点缀一纳凉老翁，更加渲染了人与自然和谐共处之美。为此作品增添较高观赏性

黑松：主干过渡较自然，双臂有力向同一方向伸出，使人们在欣赏作品同时就能产生一种共鸣，强烈地传达了作者热情好客的精神

黄杨：细微之处见真功，枝干虬曲多变，片薄如云，传达了扬派盆景人那种对艺术一丝不苟、执著与淡泊的情怀，与当今社会那种急功近利的浮华思想形成强烈对比

黄杨：多干式黄杨盆景，枝干谦让有序，布局合理，那种共享雨露成幽林的自然景色让人惊叹

岩四手：双干作品，两干相互呼应，弯曲自然，左顾右盼，树干斑驳尽显沧桑，叶片间疏密有致，远观郁郁葱葱，近观枝片分布有层次，值得玩味

黑松:主干过渡自然，变化丰富，采用三角形的结顶手法，使观赏者更觉苍劲雄浑

刺柏：悬崖刺柏，打破常规，主干险峻回旋，整体动感十足，似露非露的紫砂盆，与叶片红绿相间，更让人产生视觉上的冲击

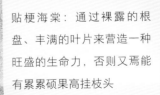

贴梗海棠：通过裸露的根盘、丰满的叶片来营造一种旺盛的生命力，否则又焉能有累累硕果高挂枝头

三角枫：树干左倾，但作者却没有力求平稳而回收树冠，让树冠继续前伸，不但突出了根的力量，也表现了对大自然的探幽猎奇

刺柏：通过弯曲的主干，与适当的舍利，营造了柏树历经沧桑却仍蕴藏郁郁苍苍的生机。使人震撼，催人奋进

黑松：虽资历平庸，可作者巧妙地运用一下跌的大枝，并通过盆与几架的配置，使体树势变得险峻跌宕，大气磅礴。

刺柏：巧妙利用舍利、盆、石、小杂木的配合，以及苍翠前伸的枝片，体现了柏树顽强的生命力，将一盆刺柏由平庸变为意境深远

刺柏：双干刺柏，两干生长并不协调完美，可作者通过在制作时打破叶片四平八稳的制作手法，使之上仰、下跌、前伸、回收，使之灵动之气跃然而出，动态十足

五针松：主干弯曲，叶片出枝有力，凸显了松树那种苍劲、强健之美

朴树：主干陡然下折，根部如扭动的身躯，让整个树势充满动感。向大地俯伸的主枝，强烈渲染了对大地母亲顶礼膜拜的虔诚和感恩之情

大阪五针松：主干倾斜，底下侧枝向同方向尽力前伸，根盘稳健有力，凸现了一种张扬的动态美

杜鹃：三干式杜鹃作品，别具匠心地通过异形盆与底座的配置，及稍裸露的根部，使之野趣十足，清新自然

榕树：如一阵张牙舞爪的狂风席卷，又如一保护神，守护着树根下静静卧眠的小牛，不让任
何事物惊扰到休息的小牛。感觉张扬又不失自然

榆树：此作品赋予其丰富的感情，作品右下侧配一吹笛老者，而左下侧枝干下跌，似在凝神
静听，那是一种心意的相通，使得作品更具生命力，感染观者

五针松：虽然树干有直有曲甚不协调，可作者巧妙通过树干的俯卧、枝片的配置，让枝干间错落有序结合一体。配置的石盆画龙点睛彰显松树巍然立于山顶的豪迈之姿

黑松：一本多干，经过作者合理的安排，让杂乱无章的树干有了近乎完美地呈现。从树干到一枝一片无不显示作者非凡的制作功底

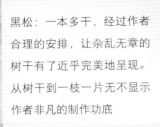

黑松：枝片制作手法细腻，主干皆呈90°角弯曲，飘枝动感十足，适当的露根，震人心腑

榆树：作者通过对根萌枝条的剪扎处理，让其既可单独成景，又可会聚成林，最妙的是两个树根竟如此相似、协调，那一株株树是长在根上，还是山上，已让人迷茫

垂丝海棠：此作品根部高悬，相比树冠似有头重脚轻之嫌，作者巧妙地在根部点一漏石，既消除了头重之嫌，又使作品灵气顿生

杜鹃：作者利用一双干杜鹃作水旱造型，石头的驳岸宛如天成。水、石、树交融而生

朴树：左下侧枝长伸，整体树势犹如一晨练舞者，作者又形象地配以晨练老人，更显相得益彰，使作品更传神之至

雀梅：此连根式雀梅素材实属难得，经过作者的精心处理，哪里还寻得到一丝人工制作的痕迹，那种宁静致远叫人神往

鸡爪槭：鸡爪槭木质不易弯曲，常见造型都以多株组栽。此作品不知经过作者多少年的打磨，主干过渡自然弯曲有度，观之让人赏心悦目

石榴：此盆石榴硕果累累已经让人惊叹，而果实分布如此均匀更为难得，其中的喜庆不正是在歌颂祖国繁荣富强吗

火棘：凿石而孔、附石而生，是树因石而美，还是石因树而灵，已让观者回味无穷

刺柏：此作品动感十足，树干细观如龙，那沧桑的舍利干对比那葱葱的绿叶，也许是作者喻义祖国多难的历史，腾飞的今天和明天吧

三角梅：枝条繁而不乱、宛如天成，主干枝条低垂，几触水面，似在与其窃窃私语，那静坐在树下的老翁，是在静坐还是想聆听大自然的私语，让观者产生无穷想象

白蜡：作者采用"三角形"的布局手法，使之备感苍翠茂盛，树干间的缝隙，观之犹如山涧，仿佛其后藏有无穷胜景，犹如山重水复疑无路、柳暗花明又一村

黑松：舍利变化丰富，水线流畅，左侧一跌枝，更体现了根的力度。使根、干、枝得到了完美的体现

枸骨：此作品根部相连，树干粗细有度，作者用粗轧细剪的手法，使作品得到和谐统一，自然气息十足

黑松：虽寥寥数片，却又不落俗套，观之仿佛让人全身充满力量

罗汉松：根盘有力，主干下部弯曲，通过对枝片的错落，来打破上部主干的僵直，使其富有变化

榆树：粗壮稳健，作者通过对叶片的处理，让树冠更加丰满，让这种稳健之势得到强烈的显现

九里香：树干几近腐烂，树冠却充满郁郁生机，让人惊叹其顽强生命力

黄杨：作品树干遒劲有力，线条流畅，根盘有力，通过作者叶片的处理更加凸显其飘逸豪迈气势

雀梅：作品树干卷曲、奇异，作者通过几架的配置，让其柔和之美得到更加强烈的显现

木瓜：作品挂满果实，那弯曲的双干也许只有累累的果实才能压弯，观赏者定会从中体会到丰收的喜悦